DENTRO DE
Brasil Salvaje

BLACKBIRCH PRESS
An imprint of Thomson Gale, a part of The Thomson Corporation

Detroit • New York • San Francisco • San Diego • New Haven, Conn. • Waterville, Maine • London • Munich

© 2005 Thomson Gale, a part of The Thomson Corporation.

Thomson and Star Logo are trademarks and Gale and Blackbirch Press are registered trademarks used herein under license.

For more information, contact
The Gale Group, Inc.
27500 Drake Rd.
Farmington Hills, MI 48331-3535
Or you can visit our Internet site at http://www.gale.com

ALL RIGHTS RESERVED
No part of this work covered by the copyright hereon may be reproduced or used in any form or by any means—graphic, electronic, or mechanical, including photocopying, recording, taping, Web distribution or information storage retrieval systems—without the written permission of the publisher.

Every effort has been made to trace the owners of copyrighted material.

Photo credits: cover, pages all © Discovery Communications, Inc. except for pages 6–7, 20–21, 28, 34 © Blackbirch Press Archives; page 31© CORBIS. Images on bottom banner © PhotoDisc, Corel Corporation, and Powerphoto

Discovery Communications, Discovery Communications logo, TLC (The Learning Channel), TLC (The Learning Channel) logo, Animal Planet, and the Animal Planet logo are trademarks of Discovery Communications Inc., used under license.

LIBRARY OF CONGRESS CATALOGING-IN-PUBLICATION DATA

Into wild Brazil. Spanish.
  Dentro de Brasil salvaje / edited by Elaine Pascoe.
      p. cm. — (Jeff Corwin experience)
  Includes bibliographical references and index.
  ISBN 1-4103-0680-1 (hard cover : alk. paper)
  1. Zoology—Brazil—Juvenile literature. I. Pascoe, Elaine. II. Title. III. Series.

QL242.I5818 2005
591.981—dc22   2004029278

Printed in United States of America
10 9 8 7 6 5 4 3 2 1

Desde que era niño, soñaba con viajar alrededor del mundo, visitar lugares exóticos y ver todo tipo de animales increíbles. Y ahora, ¡adivina! ¡Eso es exactamente lo que hago!

Sí, tengo muchísima suerte. Pero no tienes que tener tu propio programa de televisión en Animal Planet para salir y explorar el mundo natural que te rodea. Bueno, yo sí viajo a Madagascar y el Amazonas y a todo tipo de lugares impresionantes—pero no necesitas ir demasiado lejos para ver la maravillosa vida silvestre de cerca. De hecho, puedo encontrar miles de criaturas increíbles aquí mismo, en mi propio patio trasero—o en el de mi vecino (aunque se molesta un poco cuando me encuentra arrastrándome por los arbustos). El punto es que, no importa dónde vivas, hay cosas fantásticas para ver en la naturaleza. Todo lo que tienes que hacer es mirar.

Por ejemplo, me encantan las serpientes. Me he enfrentado cara a cara con las víboras más venenosas del mundo—algunas de las más grandes, más fuertes y más raras. Pero también encontré una extraordinaria variedad de serpientes con sólo viajar por Massachussets, mi estado natal. Viajé a reservas, parques estatales, parques nacionales—y en cada lugar disfruté de plantas y animales únicos e impresionantes. Entonces, si yo lo puedo hacer, tú también lo puedes hacer (¡excepto por lo de cazar serpientes venenosas!) Así que planea una caminata por la naturaleza con algunos amigos. Organiza proyectos con tu maestro de ciencias en la escuela. Pídeles a tus papás que incluyan un parque estatal o nacional en la lista de cosas que hacer en las siguientes vacaciones familiares. Construye una casa para pájaros. Lo que sea. Pero ten contacto con la naturaleza.

Cuando leas estas páginas y veas las fotos, quizás puedas ver lo entusiasmado que me pongo cuando me enfrento cara a cara con bellos animales. Eso quiero precisamente. Que sientas la emoción. Y quiero que recuerdes que—incluso si no tienes tu propio programa de televisión—puedes experimentar la increíble belleza de la naturaleza dondequiera que vayas, cualquier día de la semana. Sólo espero ayudar a poner más a tu alcance ese fascinante poder y belleza. ¡Que lo disfrutes!

Mis mejores deseos,

DENTRO DE Brasil Salvaje

Brasil es un lugar donde roedores gigantes nadan junto a reptiles gigantes. Allí encontramos praderas, ríos, lagunas y bosques inundables—un vasto ecosistema de tierras pantanosas con muchos hábitats, donde vive todo tipo de animales.

Me llamo Jeff Corwin.
Bienvenidos al Brasil.

Brasil es el hogar del roedor más grande del mundo: el capibara.

En una lancha a motor en el Pantanal...

Soy Jeff Corwin, y quiero darles la bienvenida al Brasil—no a las ciudades populosas de playas famosas, sino más bien a una salvaje tierra de maravillas llamada Pantanal.

El Pantanal abarca alrededor de 84.000 millas cuadradas (218.000 kilómetros cuadrados) de terreno, un área casi del tamaño de Nueva Inglaterra, en el Brasil Occidental. Se encuentra justo entre Brasil, Bolivia y Paraguay. Y me encuentro precisamente en el centro, en el río Pichain, uno de los varios ríos que serpentean a través de este llano. A lo largo de este río podemos ver todo tipo de animales—pájaros como avetoros y garzas, serpientes, capibaras, caimanes e incluso tarántulas. Pero hay un animal por el cual hemos venido a este hábitat fluvial. Es uno de los animales más raros que viven en Sudamérica.

Nutrias de río...

...las más grandes del mundo.

¡Mira esos ojos!

Mira esto, tenemos dos nutrias gigantes de río, las nutrias más grandes en el mundo e increíblemente raras. Mira el tamaño de estos animales. Las nutrias gigantes de río pueden llegar a medir hasta 6 pies (1,8 metros) de largo y pesar hasta 80 libras (36 kilogramos). Son animales asombrosos, extremadamente inteligentes, y son parientes cercanos del visón.

Estas nutrias tienen patas palmeadas, lo que las ayuda a nadar. Son pescadores magníficos, los depredadores expertos en este río. Si ponemos a competir a una nutria con un caimán, la nutria siempre ganaría. De hecho, las nutrias se comen a los caimanes.

He escuchado que uno puede atraer a estos animales fácilmente si uno silba, remedando su llamado. Y es verdad—he con-

seguido que venga una manada entera. Estos animales se ven lindos y acariciables. Pero no debemos subestimar su poder porque, cuando se sienten acosados, pueden ser agresivos.

Es un verdadero placer ver a las nutrias gigantes de río. No hay nada mejor que esto, a pesar de la cantidad de mosquitos que hay. Y esto es sólo un ejemplo de la fauna salvaje que está en espera de ser descubierta aquí en el Pantanal del Brasil.

Esa lengua bífida percibe los olores.

¡Santo cielo! Justo frente a mí una serpiente enorme ha venido a la orilla del río—una anaconda amarilla, la serpiente más grande que se puede encontrar en el Pantanal. Estoy tan emocionado que estoy temblando. Y parece que las nutrias del río están emocionadas también. Creo que quieren quitarme esta anaconda.

Estas serpientes son poderosas constrictoras. Cuando la anaconda está cazando rastrea a su presa con su lengua bífida, que la ayuda a captar olores. Luego se abalanza sobre su presa y la aprisiona así sea un bebe capibara, alguna clase de ave acuática u otro animal. Después se enrolla alrededor de su presa y cada vez que la presa exhala, la serpiente estruja más y más fuerte hasta que el animal al que está apretando se asfixia. Entonces la serpiente se traga su presa entera.

Estas anacondas amarillas pueden crecer 12 ó 13 pies (3,7 ó 4,0 metros), y algunas veces hasta 14 ó 15 pies (4,3 ó 4,6 metros) de largo. Aunque son las serpientes más grandes de la región del Pantanal, son muy pequeñas comparadas con sus primos que habitan en el norte, las anacondas verdes. Las anacondas verdes crecen casi el doble de las anacondas amarillas. Aun así no se necesita nada más largo que este animalito, si deseas ver lo que es una serpiente grande de cerca. Dejaremos que la anaconda regrese al agujero en donde vive.

Esta muchachita se traga su presa entera.

Siempre dejo al animal donde lo encontré.

¿Ves al caimán?

¡Shhhh! ¡Silencio!

A los caimanes les encantan estas praderas porque pueden perderse perfectamente entre la espesa vegetación y el agua turbia, que a propósito, está llena de pirañas carnívoras. Nos hemos encontrado con un caimán muy grande, de aproximadamente de 7 pies (2,1 metros) de largo, y como no se encuentra totalmente sumergido tengo muy buenas posibilidades de capturarlo. El truco está en poner algo sobre su cabeza para que no pueda ver.

Con los ojos cubiertos, el caimán pierde totalmente sus reflejos.

¿Ves las placas de su piel?

Estos animales dependen casi enteramente de señales visuales. Sin la vista, se desconectan del mundo y pierden totalmente sus reflejos.

Con sus ojos cubiertos, puedo levantarlo y podemos echarle un buen vistazo. Es un espécimen maravilloso. Mira el tamaño de esta criatura—un enorme caimán de anteojos, *Caiman crocodilus,* o yacaré, que es un término regional para lagarto.

Patas palmeadas para nadar...

...una poderosa cola para defenderse.

Puedes ver que estos animales tienen un blindaje natural. Tienen escudos, o placas, en toda la piel, incluso en el estómago. La armadura de este animal protege las costillas y el estómago de cualquier depredador que quisiera comérselo. Y mira sus patas—tiene maravillosas patas palmeadas para nadar, y una poderosa cola que usa para defensa y propulsión.

Estos dientes afilados desgarran fácilmente la carne.

Los dientes afilados que bordean las mandíbulas de este animal son un arsenal mortal. Cuando este animal caza, muerde a su presa y empieza a revolverse en el agua. Cuanto más lucha su presa, más lucha el caimán para asegurar su cena. Y lo más interesante es que cuando se sumerge en el agua, sus fosas nasales se cierran para que no entre mucha agua a sus pulmones.

¿Cómo dejas ir a un caimán al que no le agradas? ¡Lo sueltas rápidamente!

Los capibaras son increíbles.

Este grandote es un capibara, el roedor más grande del mundo. "Capibara" significa "masas en la pradera" y estos animales son justamente eso, masas en la pradera y el agua de este lugar. Los capibaras son extremadamente sociales, así que no es muy común encontrar a un animal vagando solo. Éste es probablemente un macho joven, de aproximadamente 90 libras (41 kilogramos) de peso. Algún día, podría llegar a las 180 ó 200 libras (82 ó 91 kilogramos).

Son animales muy sociales.

Los capibaras son herbívoros, lo cual significa que se alimentan de plantas. El que estoy mirando nos lo demuestra porque está comiendo lirios acuáticos. Podemos encontrar capibaras a lo largo de Sudamérica. Generalmente viven en manadas y con frecuencia las crías son separadas de su madre y llevadas a una guardería al cuidado de una matrona.

Los capibaras tienen patas palmeadas.

Todos estos animales viven en el agua.

Son criaturas bellísimas, y excelentes nadadores y buceadores gracias a sus patas palmeadas.

Los capibaras son una fuente importante de alimento para muchos animales de esta región. Los jaguares y los pumas se alimentan de los capibaras. Las crías son presa de las anacondas y animales adultos como éste son presa de depredadores como el caimán.

En efecto, mientras he estado espiando a este capibara, cinco o seis caimanes se han acercado. Es un gran ejemplo del ciclo de vida—el omnívoro (que soy yo) quiere ver al herbívoro, pero los carnívoros están acercándose a ver al omnívoro. Pienso que es mejor que sigamos nuestro camino.

Ésta es la Carretera Transpantaneira.

Encontré un puercoespín.

La Carretera Transpantaneira abarca 80 millas (129 kilómetros) entre los puntos norte y sur del Pantanal. Ahora está en excelentes condiciones, pero en la temporada de lluvias se inunda y los puentes son impasables. Voy a seguir este camino por algunas millas más hasta encontrar una buena área para explorar.

Justo al lado de la carretera he divisado un puercoespín de cola prensil, un animal verdaderamente interesante por su particular sistema de defensa. Lo he seguido por lo menos 20 pies (6,1 metros) árbol arriba y ahora se encuentra al borde de una rama, lejos de mi alcance. Hemos alzado una cámara hacia el árbol, y a pesar del hecho de que me están comiendo vivo las hormigas, voy a filmar a este puercoespín para que puedas verlo.

Este animal no es agresivo. Es un herbívoro que pasa la mayor parte del tiempo en los árboles. De hecho, lo más probable es que durmió aquí toda la noche. Pero cuando un estúpido depredador como yo se acerca y trata de agarrarlo, lo que le espera es un pinchazo de dolor. Sus púas terminan en puntas muy afiladas.

Este puercoespín es más pequeño que los que encontramos en Norteamérica. Sus púas son más gruesas y de color más rubio o de dos tonos. Y tiene una cola prensil con la cual puede agarrarse de las ramas. Estos animales son profesionales trepadoras y se sienten muy cómodos en las copas de los árboles. Tienen garras que usan para desplazarse por las ramas, y su cola funciona como una quinta pata.

Estas púas son muy peligrosas.

Estos animalitos usan la cola para trepar.

Espero que no sufras de aracnofobia—porque si es así, no vas a querer estar cerca de este individuo. Esta maravillosa criatura es la tarántula. Aunque es por lo general inofensiva a los seres humanos, la historia es diferente para los animales pequeños. Así como las demás especies de arañas, la tarántula es venenosa. Tiene un par de colmillos al frente, los cuales son, literalmente, extensiones de lo que en algúna época fueron extremidades o dedos.

Debo tener mucho cuidado con este animalito.

¿Y por qué la tarántula no me muerde? Buena pregunta. La razón es porque estoy siendo cuidadoso. Estoy manteniendo mis manos quietas, procurando que imiten parte del ambiente por el cual este animal normalmente se desplaza. Si hago un movimiento brusco, la araña reaccionará. Y aun en ese caso, probablemente no me morderá a menos que le haga verdadero daño.

La tarántula principalmente usa los colmillos para asegurar a su presa. Sujeta lo que caza, ya sea una cucaracha, lagartija o hasta un pequeño roedor o pájaro, y le hunde los colmillos, inyectándole veneno.

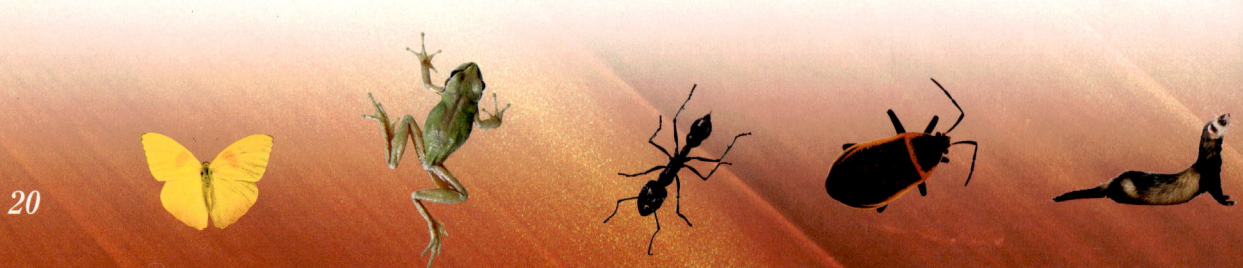

Éste es su tamaño natural —¡es una broma!

21

De vuelta en casita.

El veneno no sólo inmoviliza y mata a la presa, sino que también ayuda a la digestión. Al disolverse la presa se convierte en algo como un batido, y luego la tarántula simplemente se lo toma.

Devolvamos a este animalito a su lugar debajo del tronco y continuemos nuestra búsqueda de otras maravillas de la naturaleza.

¡Soy un pantanero!

He parado en uno de los muchos ranchos ganaderos que hay en el Pantanal. Los ranchos ganaderos son un gran negocio aquí y los vaqueros—o pantaneros como los llaman por aquí—están orgullosos de su manejo de esta región.

Éstos son tucanes toco, una de mis aves favoritas de Sudamérica. Éstos son ejemplares jóvenes, de tan sólo un par de meses de edad. Me contaron que se quedaron huérfanos y los administradores de este rancho asumieron su crianza, desde entonces los han estado alimentando a mano. Espero que cuando estos tucanes estén listos para cuidarse solos, tengan la oportunidad de vivir libres nuevamente. Pero ahora nos dan la oportunidad de verlos de cerca ya que muy rara vez se tiene una experiencia así en la naturaleza.

Éstos son tucanes toco.

Mira ese amarillo...

Éstos son ejemplares jóvenes.

Lo siento, aquí no hay comida.

¿Ves cómo esta ave abre su gran pico amarillo? Eso es lo que haces cuando eres un bebe tucán y quieres que tu mamá te alimente. Si mis dedos fueran el pico de la madre de esta criatura, de aquí saldría una deliciosa sopa regurgitada de frutas y partes de insectos.

Estos muchachitos son glotones—se están comiendo una gran cantidad de fruta.

Voy a ensayar mi grito de guacamayo.

Los guacamayos jacinto son los loros más grandes del mundo.

De las aproximadamente 340 especies de loros que habitan en nuestro planeta, este guacamayo jacinto es el más grande. También son los más raros. Solamente quedan 3,000 de estas preciosas aves en Sudamérica. Y se encuentran solamente en esta región, en Bolivia y Brasil.

Este grupo de guacamayos ha volado hasta aquí para comer un tipo específico de comida—el coco. Con sus poderosos picos, son los únicos loros que tienen la capacidad de romper la cáscara exterior y extraer la pulpa de grasa del centro. Son especialistas—su alimentación consiste casi exclusivamente en esto, y los cocos son lo único que los separa de la extinción.

Los guacamayos se aparean por toda la vida.

Los guacamayos son aves monógamas, los machos y las hembras se aparean por toda la vida. Y estas aves son excelentes padres. Invierten muchísima energía en asegurarles un futuro a sus crías. Lo más común es que los polluelos se queden entre uno y dos años con sus padres y la bandada, mientras se desarrollan.

Éstos son pájaros grandes, de casi 3 pies (0,9 metros) de largo, desde la punta de la cabeza a la punta de la cola, con una envergadura de casi 4 pies (1,2 metros). Su hermoso plumaje es de color violeta, y si ves alrededor de los ojos verás sus párpados carnosos de un color amarillo brillante.

Como todos sabemos, hay muchas especies en peligro de extinción en nuestro planeta. Pero sería una tragedia para la historia natural y una gran pérdida para nosotros que esta bellísima especie de aves se extinga. Hay muchas razones por las cuales este animal está al borde de la extinción. Razón número uno: la pérdida de su hábitat. Recuerda que estas aves son especialistas que comen una determinada especie de cocos y sin las palmeras se morirían. Razón número dos: la caza de estas aves. Las cazan para el mercado negro de mascotas, porque estas aves se venden por $10.000 hasta $12.000 dólares. También las cazan por su carne y su plumaje. Todas estas razones son las que están llevando esta especie a la extinción.

Estas aves son preciosas.

Ver a los guacamayos jacinto, es en sí una razón suficientemente buena para venir a explorar el Pantanal. Pero tú me conoces, soy egoísta—y lo quiero todo. Y hay muchísimo más que ver. Aunque una parte de este rancho ha sido despejada para que el ganado paste, aún hay grandes áreas de hábitat natural.

¡MIRA ESTO!

La anaconda de Sudamérica es la serpiente más grande que se conoce. Tiene el récord mundial por su tamaño—la mayor longitud documentada de una anaconda fue de 34 pies (10,4 metros) de largo. Y eso sólo es entre los hallazgos documentados— mucha gente está convencida de que hay anacondas incluso más grandes sueltas por allí... Estos miembros de la familia de las boas pueden vivir en agua dulce y—como todas las serpientes—son carnívoras. Debido a que el agua sostiene el peso de la anaconda, pueden crecer mucho más que las serpientes arborícolas. A diferencia de otras serpientes que usan veneno para matar o paralizar a sus víctimas, la anaconda, como sus primos del Hemisferio Oriental—las serpientes pitón—es constrictora, lo que significa que mata por estrangulamiento. Las anacondas grandes se alimentan de venados, cerdos, caimanes y peces, tragándoselos enteros. Las mandíbulas flexibles de la anaconda pueden extenderse a la medida de su víctima, que la serpiente traga entera, empezando generalmente por la cabeza hasta los pies.

Pensé que era una anaconda bebé...

...pero es otro tipo de serpiente acuática.

¡Y mira esto!—una hermosa serpiente. Cuando la vi por primera vez, pensé que era una anaconda bebé. Tiene una cabeza amplia, un cuerpo robusto, hasta el color de una anaconda verde, pero no lo es. Es una serpiente acuática neotropical. Así como las anacondas, esta serpiente se siente muy cómoda en el agua, pero no es constrictora. Tiene un camuflaje excelente, de colores marrones y grises y un poco de verde olivo que va de maravilla con las algas y todo ese barro. La serpiente se hunde en el lodo y el agua y lo único que se puede ver son sus ojos, los cuales están justamente encima de su cabeza. Si estuvieras cazando ranas, te gustaría ser así.

Observar a este animal, nos da una idea de la manera en que trabaja la naturaleza. Es maravilloso poder encontrarnos cara a cara con un tan hermoso animal y aprender algo sobre su historia natural, invadiendo y alterando su hábitat lo menos posible.

Esto es lo verdaderamente molesto de la naturaleza, al menos en el Pantanal: ¡los mosquitos! También las hormigas venenosas. *El estúpido,* Jeff Corwin, puso su mano en una planta que tenía hormigas venenosas. Tienen aguijón y cada picadura duele como la de una avispa.

Más adelante, los árboles se están sacudiendo…Vamos a averiguar qué es…

Es una manada de monos aulladores llegando a esta área. Debemos estar en silencio, porque estos animales se asustan fácilmente.

...aullando a su gusto.

Un mono aullador.

Mis cuerdas vocales no son ni remotamente tan potentes como las del mono aullador.

Se llaman así por su fuerte aullido, el cual puede escucharse a varias millas de distancia a través del bosque. Con sus aullidos delimitan el territorio entre una manada de monos aulladores y otra. También son una manera de alejar a los depredadores. El aullido les dice a los depredadores, "te veo, ya no puedes comerme".

Pero aquí los monos no necesitan preocuparse mucho por los depredadores. Pocos se aventuran por aquí a causa de las ortigas venenosas, la continua lluvia de guano de las aves en los árboles, los mosquitos y por supuesto, las hormigas venenosas. Por eso los monos no necesitan ninguna protección. Vamos a seguir adelante a ver qué más encontramos.

Si miras rápidamente a esta maravillosa criatura, puedes pensar que es un tipo de cocodrilo, como un caimán. Es muy parecido al caimán, y es un reptil, pero no es de la familia de los cocodrilos. Es una lagartija caimán, una lagartija con características del caimán. Mira su cola, como la de un cocodrilo. Pero su cara es parecida a la de la lagartija monitor. Y de su boca sale una lengua bífida, como la de las serpientes.

¿Puedes ver la lagartija que está allí?

Este animal es de la familia de los cocodrilos.

Esta lagartija caimán parece un cocodrilito.

Esta lagartija caimán, es un reptil macizo de apariencia arcaica. Está defendiendo su territorio, soplando y resoplando para que me vaya. Si ves más allá de esa apariencia feroz, puedes apreciar su belleza reptiliana. Mira esos ojos, de un negro brillante. Y las escamas a lo largo de sus labios se alínean perfectamente. Una lagartija hermosa.

Entonces, ¿qué estaba haciendo? Estaba buscando ranas, peces, o tal vez los huevos de algún ave para comer. Esta lagartija es una excelente cazadora.

La gente del lugar cree que este animal es mitad caimán y mitad serpiente.

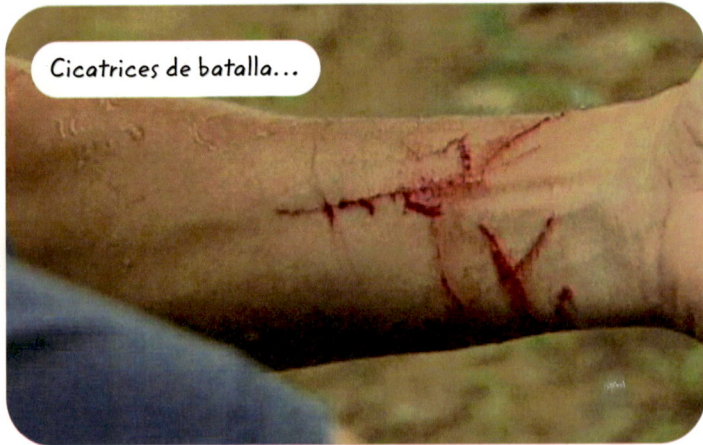

Cicatrices de batalla...

Los pantaneros se refieren a esta lagartija como *bibola*. Creen que es muy peligrosa, mitad serpiente venenosa y mitad caimán. La verdad es que es inofensiva. Si dejas a esta criatura sola, no te va a hacer ningún daño. Por supuesto, si eres un tonto como yo y te pones a hacer lucha libre con la lagartija, se puede defender muy bien. Quedé con varias cicatrices como recuerdo de este encuentro.

Te cuento otra cosa interesante sobre esta lagartija.

Le falta una mano pero se las arregla bien sin ella. La prueba es que llegó a adulta. Tiene como diez años de edad y vivirá seguramente por unos quince años más. Y ha sobrevivido, probablemente desde muy joven, sin una mano.

La dejaré ir, tenemos un largo viaje por delante—800 millas (1.288 kilómetros) hasta el Puerto de Itanhaem, y luego unas cuatro horas y media más en bote hacia la isla de Queimada Grande. ¿Por qué estamos yendo para allá? Aquí hay una pista. Estoy llevando una provisión de suero antiofídico.

Estamos llegando a la isla.

La isla de Queimada Grande, en la costa sur de Brasil, es el único lugar en la tierra donde puedes encontrar a la mortal, pero hermosa víbora lanceolada o yararacá. No hay playas de arena blanca alrededor de esta isla. Como si las serpientes mortales no fueran un suficiente factor disuasivo, el interior está protegido por una playa de rocas resbalosas y puntiagudas.

Nuestro primer descubrimiento en esta isla no es una yararacá, sino un

hermoso polluelo, un piquero bebé, probablemente de un mes de nacido.

¡Mira esto! Está sentado allí, mirándonos, tratando de desaparecer y esperando que no nos acerquemos. Los padres de esta ave están al otro lado del peñasco. Los piqueros hacen sus nidos en las cavidades de los peñascos, acantilados y colinas que rodean la isla. Hay varios centenares de estas aves viviendo aquí.

¡Mira! ¡Un piquero bebé!

Nos da la bienvenida a Queimada Grande una playa de rocas resbalosas y puntiagudas.

Calor y humedad que no invitan a quedarse, ¡excelente!

La atrapé. Es una víbora lanceolada.

Lejos de la orilla, la temperatura sube hasta los 100 grados Fahrenheit (38 grados Celsius) y la humedad también es alta. Éste es un lugar que no invita a quedarse. Pero es en las densas áreas boscosas de esta isla que tendremos más probabilidades de donde encontrar una yararacá.

Justo entre las hojas de una bromelia encontré a la serpiente que hemos estado buscando.

Estas víboras atacan rápidamente.

He tenido que ser muy cuidadoso agarrándola porque ¡sí que está disgustada! Pero si las dejamos tranquilas, víboras como ésta no se meten con nadie. No está en su naturaleza ser agresivas. El problema con estas serpientes es que si las asustas o se sienten amenazadas, reaccionan y atacan rápidamente.

Estoy sujetando a este animalito con mucho cuidado.

Su cabeza tiene una forma muy característica.

No quiero que me muerda esta serpiente, y tampoco quiero que la serpiente se haga daño—puede hacérselo fácilmente si perfora su propia carne con los dos enormes colmillos que tiene en la parte delantera de su boca. Estoy utilizando mis dedos para prevenir eso. Tengo el pulgar y el dedo medio a cada lado de su mandíbula, y tengo mi dedo índice sosteniendo su cabeza, pero realmente se está moviendo mucho. A propósito, aunque he descrito cómo sostener a la serpiente, ¡eso no significa que vas a imitarme y capturar tu propia serpiente!

Tengo miedo de que se haga daño, así que voy a soltarla. Está bien, porque hay otra justo aquí. Esta isla está llena de serpientes. Ésta de acá está saboreando el aire con su lengua, recogiendo el rastro de nuestro olor. Me pregunto como será ser serpiente y tener una lengua para saborear el mundo.

Estos animales son buenos para trepar.

Está sacudiendo la cola como advertencia. Pero a diferencia de su pariente la serpiente de cascabel, la víbora no produce un sonido. En lugar de eso, usa las hojas y las ramas en el suelo para moverlas con su cola y hacer ruido cuando se siente amenazada.

Mira, no hay un cascabel.

¡MIRA ESTO!

¿Sabías que la composición del veneno de la serpiente varía a lo largo de su vida? Puede incluso variar según la época del año, y entre las especies. Algunos venenos de serpiente tienen más de 130 componentes. Y cada componente tiene un efecto físico diferente en el cuerpo humano. El veneno viene en toda clase de "sabores tóxicos". Algunos venenos son hemotóxicos, lo que significa que envenenan la sangre; algunos venenos son miotóxicos, atacan el músculo; y algunos venenos son neurotóxicos, atacan el sistema nervioso, lo cual provoca el colapso de funciones vitales como la respiración. ¿Entonces, cuál es el peor veneno? Todo depende de cómo defines "peor". El veneno neurotóxico de las especies más pequeñas de serpientes de cascabel, como la serpiente del Mojave y la serpiente de cascabel de la Isla de Aruba, puede matar con dosis mucho más pequeñas que los venenos de otras serpientes. Pero si consideramos el dolor, sufrimiento y la duración de la fase de recuperación, el veneno de las grandes diamantadas occidentales y orientales es el ganador. Su veneno es muy eficaz en disolver el músculo y la piel y eso causa mucho dolor. ¿Qué puede salvar a alguien de la mordedura venenosa de una serpiente? Lo único que ayuda: el suero antiofídico—de preferencia, administrado de manera intravenosa en el hospital. El suero antiofídico detiene el daño, pero no lo revierte. Por eso es importantísimo que el tratamiento sea inmediato.

Aquí la gran pregunta del millón de dólares. ¿Cómo se hicieron residentes de esta isla las yararacás? Para encontrar la respuesta, tienes que regresar unos veinte mil años atrás, cuando esta isla era parte del continente. Luego subió el nivel del mar, separando este pequeño pedazo de tierra de la costa. Y cuando sucedió eso, una población de víboras quedó aislada. Por miles de años, se han estado reproduciendo sin contacto con sus parientes continentales. Y eso les permitió evolucionar hasta ser una especie totalmente única.

Esta isla es un fascinante laboratorio en evolución.

Hay algo más que encuentro fascinante sobre esta serpiente y te va a impresionar. Las hembras de esta especie han desarrollado un órgano sexual masculino llamado hemipene. En este punto de su historia evolutiva, no es funcional. No pueden utilizarlo para nada. Pero quizás en diez mil años, será funcional. Y cuando hay un individuo que puede reproducirse por sí solo, eso es todo lo que se necesita para crear una nueva población.

Adiós, Brasil.

Tal vez una serpiente será arrastrada en un tronco flotante a una isla vecina y empezará una nueva población. Así es cómo una mutación fortuita puede cambiar la historia de una especie.

Obrigado. Eso significa "gracias" en Brasil, y le estoy muy agradecido a esta nación porque—bueno, sólo piensen en la aventura que acabamos de tener. Desde los llanos inundables del Pantanal a esta exuberante y remota isla, Brasil nos ha dado algunos de los mejores encuentros con la fauna silvestre que jamás hayamos tenido. Y qué mejor manera de terminar que nuestro asombroso encuentro con la yararacá. Te veo en nuestra próxima aventura.

GLOSARIO

aracnofobia miedo a las arañas
arborícola que vive en los árboles
bífida partida en dos
caimán un tipo de cocodrilo
carnívoro animal que se alimenta de otros animales
depredador animal que mata y se alimenta de otros animales
ecosistema una comunidad de organismos
envergadura largo total de las alas en posición abierta y extendida
escudos placas como las de la caparazón de una tortuga
evolución la teoría de Charles Darwin para explicar cómo las especies se adaptan y cambian con el tiempo
extinción cuando ya no existen más individuos de una especie
fluvial asociado a un río
guano heces de las aves
hábitat lugar donde los animales y plantas viven juntos naturalmente
hemotoxina veneno que daña la sangre y los tejidos
herbívoro animal que se alimenta de plantas
mandíbula hueso que forma la boca
miotoxina veneno que daña los músculos
neurotoxina veneno que daña el sistema nervioso
omnívoro animal que se alimenta de plantas y otros animales
oriental del este
pantano terreno inundado naturalmente
patas palmeadas patas con una membrana que une los dedos, como las de los patos.
prensil que tiene la capacidad de agarrar y enroscarse
propulsión movimiento hacia adelante
reptiles animales de sangre fría, usualmente ovíparos, como las serpientes y las lagartijas
serpiente culebra
suero antiofídico antídoto para el veneno de una serpiente
veneno toxina usada por las serpientes para cazar a su presa o defenderse
víbora un tipo de serpiente venenosa

Índice

Anaconda, 10–11, 17, 28, 29
    Amarilla, 10–11
    Verde, 11, 29
Arañas, 20–22
Aves, 7, 23–27, 39

Caimanes, 7, 8, 12–15, 28, 33, 36
Camuflaje, 29
Capibaras, 7, 10, 16–17
Carnívoro, 17, 28
Cola prensil, 18–19
Constrictora, 10, 28, 29

Especies en peligro de extinción, 27
Extinción, 25, 27

Guacamayo jacinto, 25–27

Herbívoro, 16, 17, 19
Hormigas venenosas, 30, 32

Lagartija caimán, 33–37
Loros, 24

Monos aulladores, 30–32
Mosquitos, 9, 30, 32

Nutrias de río, 8–9, 10

Omnívoro, 17

Piqueros, 39
Pirañas, 12
Puercoespín de cola prensil, 18–19

Reptil, 33, 35
Roedor, 16

Serpiente acuática, 29
Serpientes, 7, 10–11, 28, 29, 36, 38–46

Tarántulas, 7, 20–22
Tucán Toco, 23–24

Veneno, 20, 22, 28, 44
Víbora lanceolada, 38, 40–45

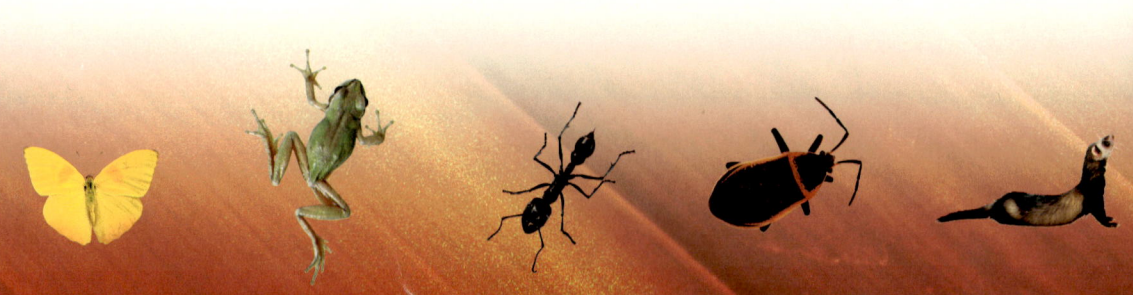